设施蔬菜生产
实用技术经验集锦

◎ 常士明　原　锴　主编

中国农业科学技术出版社

图书在版编目（CIP）数据

设施蔬菜生产实用技术经验集锦 / 常士明，原锴主编 .—北京：中国农业科学技术出版社，2015.10

ISBN978-7-5116-2299-0

Ⅰ.① 设… Ⅱ.① 常…② 原… Ⅲ.① 蔬菜园艺—设施农业 Ⅳ.① S626

中国版本图书馆 CIP 数据核字（2015）第 241100 号

责任编辑　史咏竹
责任校对　贾海霞

出　　版	中国农业科学技术出版社	
	北京市中关村南大街 12 号　　邮编：100081	
电　　话	（010）82105169（编辑室）	
	（010）82109702（发行部）　（010）82109709（读者服务部）	
传　　真	（010）82106626	
网　　址	http://www.castp.cn	
经　　销	各地新华书店	
印　　刷	北京富泰印刷有限责任公司	
开　　本	880 mm×1 230 mm　1/32	
印　　张	3.125	
字　　数	81 千字	
版　　次	2015 年 10 月第 1 版　2016 年 7 月第 2 次印刷	
定　　价	19.00 元	

《设施蔬菜生产实用技术经验集锦》

编 委 会

主　编：　常士明　原　锴

副主编：　张东雷　朱　文　方煜兰

编　委：（以姓氏笔画为序）

尹　哲　刘爱华　闫广艳

肖金芬　张玉铎　陈爱花

徐　凯　彭杏敏　韩　宝

序

　　众所周知，以色列不仅国土狭小，而且多为干旱少雨之沙漠。但它不仅是科技强国，也是农业强国，其生产的蔬菜水果不仅能满足国内市场需求，而且可供出口，是著名的"欧洲厨房"。究其原因，不仅仅是因为其科技发达、生产力水平高，而更为重要的是其务实肯干的精神所致。

　　可喜的是我们优秀中华民族一直也不乏这样不逐名利、默默奉献的人。例如，本书作者之一常士明，不仅几十年如一日地研究蔬菜的种植，还把日积月累的经验都仔细地记录下来；还有作者原锴，研究生毕业就扎根这里，面朝黄土，纶巾束发，捧黑壤以究机理、谈植保而忘晨昏。还有很多人，恰入其类，为农业科技的发展与推广作出了贡献。

　　技术是产业发展的生命力。专业是一种技能，而专注是一种精神。在北京市房山区蔬菜产业发展的过程中，有一支默默无闻地工作在田间地头的蔬菜技术推广队伍。他们热爱土地，以种菜为事业，视菜秧为朋友、为子女，探索并积累了丰富的实用技术和实践经验。而且，为了让菜农更容易理解和记忆，他们还将技术资料总结成不同形式的语言。

点滴之间见效益。《设施蔬菜生产实用技术经验集锦》一书，着眼于生产实际，具有很强的实用性。一方面可以对提高菜农的生产效益，发挥实实在在的作用；另一方面对保护农业生态环境，也具有很强的现实意义。

有感于斯，聊发于此，是为序。

刘宝忠

2015 年 9 月 6 日于房山

　　目前，设施蔬菜生产在许多地区是家庭经济收入的主要来源之一，也是现代农业提高生产效益的一种重要的生产模式。田间生产环节是保障产业良性发展的基础，但要想把设施蔬菜种好却不是一件轻松容易的事情，它涉及设施结构、小气候环境管理、品种、水肥管理、病虫害防治以及茬口安排等诸多方面。笔者在行走于田间地头的这些年，感受到了生产给菜农带来的辛苦、劳累、喜悦和无奈，也感触颇深：设施蔬菜生产要想有高效益，必须耕种有方；但要想耕种有方，必须技术先行。而对于不同的生产模式，实用、安全、生态友好是衡量一项农业技术的重要标准。一项好的技术，不仅要能解决生产实际问题，而且还要对作物的安全、对菜农和消费者安全，同时也要对土壤、天敌及水源的安全，对生态环境的友好，"像对待生命一样对待生态环境"。

　　为了服务于广大菜农，促进设施蔬菜种植技术的推广应用，笔者将长期以来在生产中形成及总结的一些单项技术、集成技术以及实际生产经验整理、编辑出版。由于专业水平有限，书中如有错误和不当之处，敬请专家和读者批评指正。书中的照片，均为编者在生产实践中拍摄。本书在编辑中，得到了许多朋友的热心帮助，在此衷心表示感谢！

编　者

2015 年 8 月

目　录

1

附　录

设施管理实用技术

日光温室上风口常式开风口法

在当前广大菜农种植蔬菜、草莓等的日光温室中，采取留上下两个通风口的温室居多。其中，日光温室的上风口（也称顶风口）在一年中的秋、冬和春 3 个季节的覆膜闭棚期间十分忙碌，每天视天气变化，最少开关 1～2 次。笔者从事了 40 多年的蔬菜生产，经历过多次对上下风口的形式和开关方法进行了改良。

在广大菜农和技术人员的共同努力下，已从开始的天窗、圆桶式等逐步发展成了近几年的上下压茬、东西通长的压膜风口，开关方法也从过去的勾拉、棍拨等改成了顶膜边绳十字拉绳法。该方法是以顶膜南沿东西长边绳作为纬线，将开关上风口的绳作为经线，系在纬线上，使交叉点成为中心点的方式，如图 1 所示。这种方法对提高蔬菜的生产力起到了一定的促进作用。但通过几年的操作和观察，发现此法存在两大不足之处：① 从室内开风口放风时，通过手绳直接拉拽顶膜边绳，在开关风口时的上下拉拽作用下，从换新棚膜后不久至次年未到换新棚膜前，大多数棚的顶部棚膜与边绳之间会撕裂分开，恰逢后期也正是晚春尚寒或秋后将冷时期，风口不能正常开关，造成风口或大或小，不能保障正常通风换气。② 十字拉绳法在开风口放风时，顶膜在拉绳的拉拽下，棚膜随边绳向膜下转移，逐步形成双层，所留预定尺寸的风口，放风后最多只能拉开一半，常常因通风不畅，温度过高，导致蔬菜发病或徒长，甚至造成灼伤，落花落果，影响了蔬菜的高产高收。

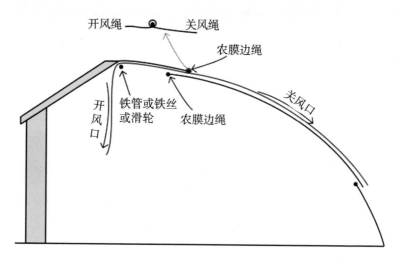

图1 日光温室上风口传统的十字拉绳法示意

几经试验，笔者在 2006 年春末摸索出了改良新法——日光温室上风口"常式放风法"。其具体做法如下：在十字拉绳法的基础上，关风口拉绳不变，固定点仍然系在顶膜边绳上，关风口时在室外棚南从棚外面拉，或通过棚膜上面所安滑轮（或横管或粗铁环）的拐点从里面拉。与传统方法所不同的是，将开风口绳不再系在顶膜边绳上，而是将开风口绳原来的固定点断开，自室内从风口处向上抽出，从顶膜上面拐向北去，直接拉到温室顶部屋顶上方，

系在拴压膜线的东西方向长的 8# 铅丝或其他固定物上。而
处在室内开风口拉绳的另一头儿，从膜下按原来的方法自
拐点垂下，如图 2 所示。需放风时，只要从室内稍用力一
拉，即可根据室内作物温度需求掌控风口大小；天气炎热
时，可以将所设风口宽度基本全部打开。该方法满足了室
内作物所需的温度要求，解决了原来今种植户着急和头疼
的风口不能正常开关与通风不畅等问题。

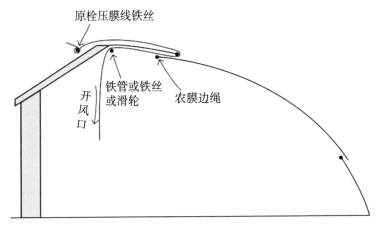

图 2　日光温室上风口常式拉绳法示意

日光温室上风口"常式放风法"的优点如下。

（1）省钱：放风所用的拉绳不再用较粗的绳子，而是
用重量较轻、阻力较差、耐拉力较好的物品即可。如塑料
边丝、布条等均可使用，可废品利用，降低了成本。

（2）省力：因开风口拉绳不再直接拉拽顶膜边绳，放
风开风口时，只需将拉绳稍用力一拉，拉绳的力点将拉拽

改为归拢的方式，故较为省力。

（3）不再撕裂：顶膜边绳与顶膜之间不再受开风口时的拉力磨损，因此，这个部位不会再撕裂，保持了顶膜的完整，有利于室内防雨和保温。

（4）通风量大：开风口时，顶膜从边绳处在拉绳的作用下，被逐步归拢在一起，不再形成双层。可根据室内需求，随意调节风口大小，直至可以打开全部风口。

日光温室上风口的这种经改良的"常式放风法"已在北京市房山、丰台、通州等多个区县得到了推广应用，菜农给予了充分的认可和较高的评价。

日光温室前风口常氏室内开关风口法

按照传统操作习惯，日光温室前风口的开启和关闭是在棚外进行的。这里推荐一种方法——日光温室前风口常氏室内开关风口法，实现了前风口的开启和关闭都在棚内。这种方法不但可避免棚内棚外来回跑的麻烦，节省农事劳动时间，而且投资很小。具体方法如下。

（1）提前烫好穿绳筒。在订购棚膜时提前跟经销商说好，在中幅大膜下边提前烫好穿绳筒，覆膜前穿好边绳。

（2）室内开前风口法：温室覆好棚膜后，在室内前沿处用细绳等，在1.5～2米高处从防虫网外向下伸出，系在大棚膜下边的东西向的边绳上。细绳在棚内的另外一头，可系在棚内拱架或横铁丝处寻找固定点。开风口时用手拽住细绳，用力向上一拉，即可打开下风口，棚膜边向内卷，还可预防雨水大将风口关严的现象发生。

（3）室内关前风口法：在室外温室前较近地面用于栓压膜线的地锚铁丝上，每3～4米用细铁丝拴上一个小滑轮。从小滑轮里穿过一根直径0.8～1厘米粗的抗老化尼龙绳。绳的一头系在大棚膜下边的边绳上；绳的另一头侧从防虫网外，向上从防虫网的边缘穿进温室内，找固定点系好，也可与开风口绳的一头系在一起。开关风口时，只要看准绳子的走向，即可随意开关下风口。

冬季生产日光温室的管理

一、冬季低温对设施蔬菜生产的影响

1. 光照的影响

冬季光照时间短，不利于蔬菜的光合作用。光照不足，使温室内蔬菜的光合作用降低，光合产物减少，不能满足蔬菜生长所需的养分，造成作物生长停滞，影响生长，发生落花落果和化瓜等现象。

2. 温度的影响

（1）棚内温度过低，不能满足蔬菜正常的生长需要，容易引起冻害。作物表现为：叶片皱缩，不能伸展；或新叶不易抽出，形成小老苗、僵化苗。

（2）地温较低，直接影响到根系的伸长、不发新根及对养分和水分的吸收功能，造成根系生长停止，进而逐渐死亡。

（3）温度过低会影响开花期蔬菜的授粉受精效果，造成大量落花落果或畸形果。

3. 湿度的影响

冬季温室内寡照低温高湿的环境，容易诱发病害的发生。番茄容易发生灰霉病和疫病，黄瓜易发生霜霉病和灰霉病。

二、应对措施

1. 保温增温

后墙：要选用保温性能好的草苫或保温被，如图3所示。温室后墙如果比较薄，可在外面加盖1～2层旧草苫。在草苫上加盖塑料薄膜，增强棚室保温性能和在雨雪天时保持草苫干燥，且方便除雪。

图3　日光温室后墙保温处理

棚外南端：夜间在棚外南端贴地面处覆盖一道1米高的旧草帘或保温被，也能起到一定的保温防寒作用。

棚室门口：在棚室门口设置挡风棉帘，进门处设置挡风农膜，阻挡冷空气进入温室。

棚内：定植畦拱膜覆盖（图4），注意拱膜南段的压实处理（图5）；棚内可架中小棚，棚内南端设置二道幕，进行多层覆盖保温；育苗可采用地热线加热。另外，可采取临时加温措施，防止发生冷害或冻害，具体方法：在棚室内远离蔬菜处点燃干秸秆或锯末等熏烟，或烧蜂窝煤炉，注意及时通风补充氧气，排出有害气体；还可以在棚内用照明灯加热等。

图 4　定植畦拱膜覆盖

图 5　拱膜南端用土压实

2. 加强草苫或棉被揭放管理

晴天，草苫要早揭晚盖，尽量延长蔬菜见光时间；阴雪天，根据外界温度状况可在中午短时间揭开草苫，使蔬菜接受散射光照射，不能连续数日不揭开草苫。即切忌阴天不通风。

3. 加强光照调控

（1）选用优质薄膜，冬季保护地应选用透光性好、防尘、抗老化、无滴透明膜。

（2）在棚内后墙增挂反光膜，以增强光照强度和棚内温度。

（3）必要时进行人工补光。

4. 科学管理水肥

低温期间，大棚内一般尽量不要浇水，以免降低地温。因为温室内地温和气温均较低，蔬菜根系吸收能力弱且生长发育缓慢，应尽量少进行或不进行土壤追肥，适当叶面追肥即可，以缓解由于低温寡照导致蔬菜生长发育不良。一般可叶面喷施 0.3% 磷酸二氢钾溶液加 0.3% 硝酸钙溶液、1% 葡萄糖液。

5. 注意控湿防病

应在中午短时间通风排湿，控制病害发生；发病后可选用烟雾剂、粉尘剂防治。避免喷雾，避免温室内空气湿度过高。

6.加强植株管理

（1）及时摘除植株下部老叶，增强阳光对地面的直射量，提高地温，促进新根生长，也可减少叶面蒸腾量，防止植株失水过多萎蔫。

（2）对于受冷害较重的棚室，植株生长发育弱，要及早采收果实和适当疏花疏果，以免加重植株负担，防止由于低温弱光造成植株早衰，降低抗逆能力。

（3）苗期低温炼苗。分苗和定植前2天苗床需加强通风，低温锻炼。

三、久阴乍晴温室大棚管理

低温寡照天气的危害主要表现在低温对根系的伤害，对温室大棚的管理要注意以下方面。

（1）注意回苫，防止闪苗。由于连续低温，根系活力差，吸收功能大大下降。由于天气转晴后，气温回升快，叶片遭受强光直射蒸腾作用加强，但根部吸收跟不上，秧苗会急剧萎蔫。温室要缓慢升温。连阴天突然转晴后采取放半苫、放花苫的办法，避免温度急剧上升使受冻植株组织坏死，等植株恢复生长后再全部揭开。草苫早晨和午后全揭，中午放花帘。以防温度上升过度导致叶片萎蔫。叶片萎蔫严重时，要放回一部分苫子，也可用喷雾器向叶片上喷水，防止过度萎蔫使叶片受害。在湿度管理上要采取短时间放小风，减少蔬菜的蒸腾量。从第二天开始，逐渐提高温度和加大通风量，到第四天后纳入正常管理。

（2）晴天后，要尽量缓浇水。由于连续低温，蔬菜的根系生长很弱，必须使根系恢复活力后再浇水，否则易造成沤根死苗。如果需要浇水追肥，应浇小水，可随水施入肥料，浓度要稀，且选择速溶性的肥料，最好是腐殖酸肥，有利于发根。

（3）可选用一些促根的药剂进行灌根，促进根系快速恢复。

（4）叶面喷肥，选用多元素微肥，弥补根系吸收的不足。揭苫后若发现植株有萎蔫情况，可向叶面喷洒温度与室温相同的清水或营养液。

（5）中耕松土，可提高地温，增加土壤透气性，以促新根生长。

（6）注意防止误诊。经过长时间的低温，叶片易发生皱缩现象，是因为营养供应不足造成的，不要误认为是病毒病而反复用药。

（7）注意瓜类或茄果类蔬菜秧苗出现花打顶时，应提早采摘瓜果，减少植株营养消耗，有利于保护叶片和幼瓜，使养分向根系回流，促进根系生长，增强植株抵御不良环境的能力。要及时摘掉小瓜、小果，并追施速效氮肥、适量浇水，以恢复茎叶的正常生长。

蔬菜栽培实用技术

日光温室春黄瓜高产高效栽培五字谣

黄瓜称"王瓜"，唯她产量大。农①称摇钱树，民②为保健瓜。

减肥她最好，还能降血压。餐桌主食菜，市场需求大。

菜农想种植，技术难度大。选择好品种，种性要对茬。

学习新技术，嫁接瓜上瓜③。育好健壮苗，定植安好家④。

室温提地温，温高促根法。膜下藏微灌，室干地湿法⑤。

各个生长期，不同管理法。前期促控蹲，掌好变温法。

把好水门关，防秧粗和大。根瓜是先锋，水肥再开闸。

晴天施肥水，谨防湿度大。预防病虫害，综合四防法⑥。

网防粉虱蝇，提前双板⑦挂。创造好环境，利她别利它。

阴天仍放风，昼夜保温差。把好光温限⑧，晴光利雌花。

秧瓜共同长，花芽好分化。中期重管理，质好多腰瓜。

科学加肥力，全肥氮磷钾。温光水气肥，尽量满足她。

养分有积累，才能少化瓜。与天俱进管，多看多观察。

阴后天若晴，提前风口拉。环境保温暖，谨防变化大。

光合作用好，增产潜力大。整秧半空间⑨，打叶省药打⑩。

科学方法多，综合配套达。预防要为主，定时把药打。

熏蒸加粉尘，无水施药法。后期株渐衰，增施氮和钾。

保秧久年轻，余辉贡年华。子孙无穷尽，秧壮潜力大。

夜温若升高，昼夜风口拉。精心加细管，营养多样化⑪。

视她为子女，她才愿报答。管理不放松，保您有钱花。

注：① 菜农。

② 居民，市民。

③ 以白籽南瓜或褐籽南瓜为砧木，以优种黄瓜为接穗。

④ 定植前先将肥施足，把准备定植黄瓜的地整平，畦做好。

⑤ 创造良好的湿度环境，保证棚室内空气湿度小，膜下土壤湿度足。

⑥ 从农业防治、物理防治、化学防治、生态防治全面入手。

⑦ 黄板：监测诱杀粉虱、斑潜蝇；蓝板，用以监测诱杀蓟马。

⑧ 严格按照黄瓜所需温度要求进行管理，尽量延长光照时间。

⑨ 调整瓜秧时，结瓜期保持 13 ～ 15 个叶片，再进行打叶落秧，生长点上方保持有足够的空间，以利通风透光，空气流通。

⑩ 及时打掉下部黄化老叶，有利于通风透光。环境好了就会少发病，减少了打药次数。

⑪ 结瓜后期为延缓植株老化，应将大量元素肥料和微量元素肥料配合施用，保障后期的营养供应。

番茄春秋茬设施栽培整枝吊蔓新方法

番茄在植物学分类上属于茄科番茄属，以其成熟多汁的浆果为产品。其果实圆整好看，含有极其丰富的营养，酸甜可口，柔嫩多汁，是广大市民餐桌上不可或缺的优良果蔬。随着近年来养生专家对番茄营养价值的大量宣传，市场上对番茄果实的需求量越来越大。番茄因其产量相对较高，销售价格较为稳定，是广大菜农愿意种植的主要果菜之一。

番茄为草本植物，以其木质部并不发达的茎承结着多穗果实。其幼苗由于叶片小而少，负重不大，尚能直立成长。但随着叶片增多增大及花果的出现，柔嫩而较脆的茎则难以支撑起较大的重量，为此，菜农们必须在生产中采取一定的措施对其进行搭架绑蔓，助其成长。随着栽培技术的不断进步，近年来北京市郊区多数菜农已将原来的搭架、插架改为尼龙绳、吊丝等不同材质的吊秧栽培。笔者也在多年从事露地、保护地番茄栽培实践中，摸索出几种新型的吊秧整枝方法，对产量的提高具有一定的积极作用。

一、缺苗借杈法

随着抗病品种的不断出现，番茄种子价格越来越高，菜农生产成本不断加大；另外，在生产中，番茄定植后会因机械损伤、立枯病、根腐病、病毒病、虫害等多种伤害导致死苗缺苗，难以保证获得高产。因此，要想获得高产，必须要在开花坐果期前达到苗全。

缺苗借杈法，是根据番茄生长势强、侧枝生长能力旺盛的特性，在缺苗处的左侧或右侧，将生长健壮的无病番茄植株，留下 1 个或 2 个侧枝，长大后填补空缺，并分别吊秧管理，如图 6 所示。对于价格较贵的高抗品种的种子，可采取"少数量播种，大株距定植"的方式，待侧枝发育后采取留双杈或三杈的方法整枝，亦可降低生产成本，保障高产高效。

图 6　番茄缺苗借杈

二、合理利用棚室最佳结果位置的空间

番茄是喜光作物，充足的阳光不仅有利于植物的光合

作用，而且对花芽分化和产量的构成都是有利的。较强的光照，番茄花芽分化较早，花序的着生节位较低，坐果率也高。而日光温室和春秋季的塑料大棚内不同位置的温度和光照，在一天中的不同时段均是有差异的。细心的菜农都知道，日光温室的南端和塑料大棚的东西两侧临近棚膜处，虽然低矮，但光照较强，也易通风，所以一般这个位置的番茄果实又多又密，如图7所示，此处是最适合番茄结果的好地方。但是，实际生产中，大多数菜农都因为此处空间低矮，操作不便，此处番茄仅长到3穗花左右就被摘除了生长点，将宝贵地段位置的番茄植株过早地做了节育。如果将棚室这一宝贵地段空间合理利用起来，那么番茄植株会给我们以回报，"白送两穗番茄"。

图7　日光温室南端硕果累累的番茄

具体操作方法：以日光温室为例，从南（靠边）数第二株至第五株番茄，待其株高达 50 厘米左右之时，将每株的生长点逐一弯向北方，分头进行绑绕。再将南端（靠边）的第一株番茄上的第一营养枝留下，吊在第一根吊绳上，留 2～3 穗掐尖，坚守岗位，开花结果；而将第一株的生长点斜向北方吊绑，同其他植株同等生长，等穗或多 1～2 穗掐尖。这样靠南端的第一株番茄不但没有过早节育，而且还因主枝的生长点延长生长和侧枝辅助生育的加入，使其所结果实的总穗数至少增收两穗以上，如图 8 所示。

图 8　送你两穗番茄

　　笔者亲自试验了此管理方法。在两畦四行共计 4 棵的最南端第一株番茄植株中，1 棵作为对照按传统管理，另外 3 棵按上述方法管理。

1. 对照株

3 穗花时掐尖，共结果 8 个。

2. 试验株

试验株共 3 棵，分别为株 A、株 B 和株 C。

株 A：主茎留守，坐果 3 穗计 11 个果；侧枝向北，坐果 3 穗，结果计 10 个。此株共计结果 21 个，比对照多结果 13 个。

株 B：主茎向北，坐果 5 穗，结果计 20 个；侧枝留守，坐果 3 穗，结果计 10 个。此株共计结果 30 个，比对照多结果 22 个。

株 C：主茎向北，坐果 4 穗，结果计 17 个；侧枝留守，坐果 2 穗，结果计 8 个。此株总结果 25 个，比对照多结果 17 个。

3 株试验株平均结果为 25.3 个，比对照平均结果多 17.3 个。另外，此处果实大而整齐，单果重均在 200 ～ 500 克左右。

三、定植畦东行植株向北绕秧，东低西高

根据有关资料介绍，植物的光合作用，70% 是上午产生的。延长光照时数，增加光合作用时间，对花芽的形成及植株的生长都是有利的。根据这一原理，实际番茄生产中，日光温室内的每畦西行和南北大棚中的每畦北行，上午至中午的时间段内，晴天时植株大部分部位都是被遮阴

的，它们的果实直径大小都有点低于阳面。所以笔者建议：以日光温室为例，在对番茄茎蔓绑吊过程中，可在温室每畦东行的从北端数第三株番茄起，待其株高达 40～50 厘米时，将第三株以南的番茄生长点逐一有意向北斜绑（绕），绑（绕）完秧后，东行番茄植株斜弯生长，如图 9 所示；处于西侧一行的番茄植株属于直立生长，又因东侧一行"朋友"的侧头弯腰而借光，生长环境得到了改善，其生长点的高度自然能高出东侧植株 15～20 厘米，从"被挤兑"的环境中解放出来，使其在中午以前受到优待，生长健壮，通风透光，光合作用效率大大提高，有利于果实的成长，对提高产量能起一定的促进作用。

图 9　每畦东行植株向北绕秧为西行植株弯腰低头

根据这个道理，也可以选择两个植株高度不同的番茄品种进行同时播种，定植时将植株较矮的番茄品种有意定植在每畦的东行部位，而将植株较高的番茄品种定植在每畦的西行，如图 10 所示。

图 10　番茄定植畦的东低西高行

日光温室秋冬茬番茄高产生产技术全攻略

番茄又名西红柿，其果实外观美丽、营养丰富、柔嫩多汁、酸甜可口，加上它具备果蔬兼用的特点，它已是市民一年四季不可缺少的主要果蔬之一。它的种植面积也随着市场的需求不断扩大。虽然秋冬茬番茄生育期较短，但它在设施秋茬菜中产量最高，销售价格也较为稳定，北京市及华北地区大多数类型的日光温室都能进行生产，并且不影响温室早春菜的生产，所以很多菜农都愿意种植此茬口番茄。

秋冬茬番茄属于反季节栽培，此季节的温度是一个由高到低的变化过程，而番茄苗期喜温低，结果期喜温高，季节的温度变化与番茄生长的温度需求两者恰好相反，故该茬口番茄种植技术难度较大。生产中，由于菜农自身对番茄的生长特点及环境条件的了解程度不同，所种植番茄的产量和收入状况也存在较大差异。因此，要想满足市场对番茄的高品质要求，以及菜农取得高产高收入的双重目的，必须抓好全面综合措施，创造满足番茄生长发育的良好条件。其主要攻略如下。

一、建造采光角度合适的日光温室

为了在栽培上尽可能地给番茄生长创造良好环境，在准备建造或改建日光温室前，首先要从温室图纸设计入手。若在北纬39°的附近地区建造温室，其内跨度为7～8米宽时，棚脊高度应以3.7～4.4米为宜，其高跨比（即棚脊高度/跨度）达0.5～0.55为好。棚内从南边底脚往北1米宽时，其对应拱高最好为1.55～1.75米，从南边底脚往北3米宽时，对应拱高以2.8～2.9米为好；从南边底脚4.5米宽时，对应拱高以3.35～3.75米为宜。这样的日光温室在立冬至立春节气之间采光好，温度高，能够有效地提高积温，满足番茄的光照需求，对番茄果实的成熟着色能直到一定的促进作用。

对于日光温室后墙的建设要求是，应同时具备吸热、蓄热及保温的功能。在生产中，常见到一些日光温室后墙的建设，只注重了保温功能，忽视了后墙的蓄热功能，导致冬季温室夜温仍是很低。只有吸热功能，没有蓄热功能，就没有温度可保。如果没有热量来源，作物对夜温的需求就无法满足，进而作物就无法健康成长，会出现落花落果及低温高湿病害的发生。

二、覆盖透光保温好、无雾无水滴（或流滴）的棚膜

番茄喜欢长期光照充足、温暖如春的气候。在生产中要选用透光好、无雾无水滴（或流滴）的棚膜。这样的棚膜透光持久，无雾流滴，能很好地促进番茄生长，减少落

花落果，减少对熊蜂授粉的不良影响。另外，温室上棚膜时，应尽量保持棚膜的平整，减少褶皱。同时，生产期间要始终坚持棚膜的清洁，使棚膜始终保持透光透明，既有利室内增温，又能提高番茄品质。

三、创造良好无虫环境，必备两网一膜

由于此茬口番茄的播种期和定植期，正处于夏季高温且病虫多发季节，尤其是由烟粉虱传播的番茄黄化曲叶病的易发季节，因此，秋冬茬番茄这个生长期要在温室的上下风口上分别安装上 1.5 ～ 2 米宽的 50 目的防虫网，以阻隔各种害虫的进入，创造无虫环境。同时，由于夏季烈日炎炎，光照似火，高温强光远远超过了番茄生长的需要，因此，应根据天气情况及生长时期，在温室棚膜上方加盖遮阳网，避免高温暴晒。另外，需要注意的是，要在上茬拉秧前坚持带秧高温闷棚或结合太阳能土壤消毒，为番茄苗的安全无病虫定植，打造良好的生长环境。

四、选择适宜的抗病品种

根据本地区往年病虫害的发生及市场情况，秋冬茬番茄应选用适宜的抗病品种，并且具备前期耐热、后期抗寒、果实较硬耐贮运、品质形状较好的特点。同时，要根据品种的不同特性，良种良法，择期播种，也可减轻病害的发生，获得稳产高产。对于根结线虫为害严重的地块或

棚室，还要注意选择抗线虫品种，如北京市农林科学院培育的仙客系列等品种。

五、适期播种

秋冬茬番茄从播种至采收结束一般只有 180 余天左右。苗龄 1 个月左右。若播种过早，极易上病；如播种过晚，影响产量；如果留果穗过多，有效积温达不到 900℃，会成熟过晚，必然影响春茬蔬菜生产，也会影响全年的总收入。

六、严格把好育苗关

1. 提前搭好育苗小拱棚

秋冬茬番茄播种育苗期正值夏季高温时期，所以必须选择较高防涝的地块，搭建高为 1.5 ~ 2 米、较为宽敞的小拱棚。棚内容积以能够放所用育苗钵或育苗盘所占面积的两倍以上为宜。拱棚顶部注意防雨，并且用 50 ~ 60 目的防虫网将全棚封闭，靠走道处留出两层防虫网的进出口。小棚上覆盖活动的遮阳网，以根据天气状况灵活运用。

2. 种子消毒

采用冻种（冬季低温季节）、晒种（注意不要直接放在水泥地面上）、药剂浸种（高锰酸钾、甲醛、磷酸三钠等）等方法做好种子消毒，杀死种子携带的病菌和虫卵，并坚持浸种催芽，催芽后播种，可有效地保证出苗，整齐一致。

3. 浸种催芽方法

秋冬茬番茄的浸种催芽期是一年中最易操作的季节。一般用55℃水浸种，泡5～6小时。无论放在室内或室外都能正常发芽，但由于此时气温较高，故应在出水前先将种子多洗一遍，将杂质和种皮上的果胶洗净，包好。催芽时每天最好翻动2～3次，满足氧气需求，使种芽粗壮。

4. 育　苗

为提高功效，减少幼苗伤根，可采用育苗钵或育苗盘直接点播。待幼苗出齐后，注意适当炼苗。

育苗期间温度管理

（1）种子萌发：25～30℃，低于10℃一般不发芽。

（2）茎叶生长：白天22～25℃，夜间12～15℃。

（3）根系生长：20～22℃，低于13℃，生长受阻。

育苗钵与育苗盘

（1）育苗钵：成本低廉，可反复使用多次。但在再次使用前应将旧育苗钵放在广谱性杀菌剂药液中浸泡10～20分钟后再装营养土。营养土的配制：一是用没种过菜的壤土2份，加上1～1.5份充分腐熟发酵的牛马粪；二是使用经发酵、过筛并隔年的无菌的食用菌糠，加上1/2的田园土。将配制好的营养土掺匀后装入育苗钵中，装至七成为宜。播种时先浇透水，水渗后先撒薄薄的一层土，再播上已出芽的种子，进而再覆盖 0.5 ～ 0.7 厘米的细土。

（2）育苗盘：目前多用蛭石和草炭作为基质。装盘前可将基质加入少量充分腐熟并过筛的有机肥，再按所需比例掺匀，边喷水边搅拌，使其含水量达 60% ～ 65%，堆好待用。提前将育苗盘用广谱性杀菌剂药液浸泡杀菌。育苗盘底层先轻轻撒上一薄层蛭石，然后装入准备好的基质，这样待幼苗移栽时很容易从苗盘中取出。苗盘装入基质后用木板刮平，将苗盘摆起码好，稍压；再将压出播种孔的苗盘喷湿播种，上覆 0.6 ～ 1 厘米厚的蛭石，刮平将盘摆好，等待出苗。播种后不能暴晒，应注意及时遮阳降温。

炼　苗

无论是使用育苗钵还是育苗盘，幼苗出齐后，要逐渐增加光照强度，以防徒长。待幼苗长至两叶一心后，要将育苗盘或者育苗钵之间留出间隙，分 2 ～ 3 次加大间隙，让幼苗在育苗钵或育苗盘中发根，保障通风透光，促使苗粗苗壮。

七、重施农家有机肥

秋冬茬番茄施肥整地时正值 7 月至 8 月上中旬，此茬口可多施农家粪肥。一是此时外界温度较高，农家肥极易发酵，来源也广，一般可保障所需；二是此时的温室上下风口属于大开时期，有利于未完全腐熟肥料的氨味挥发

（如果育苗棚设在定植棚内，要注意对幼苗稍加防护，避免受到氨气伤害）；三是多施有机肥，可使番茄植株前期健壮，后期可有效地提高番茄果实的品质，提高果实的含糖量。此时可根据温室的土壤性状，灵活调节施肥种类的比例。一般沙壤土应施用鸡粪、猪粪等；黏壤土则可多施牛马粪。一般可按鸡粪与牛马粪1:（2～3）的比例施肥，亩①施10～15方以上；若施用商品袋装有机肥，也应亩施5吨左右。

八、整地定植

番茄整地做畦时，应本着大行距定植的目标，应使其大行行距达0.8～1米，小行行距在0.45～0.6米，既有利于农事操作、通风透光，也有利于提高果实质量，次果减少，着色好看。可分为两种方法做畦：大小畦和均等畦。

1. 大小畦

先打成1.4～1.6米的大平畦，再在畦背中间两侧各25～30厘米处开成两条定植沟，将番茄定苗处培成新的畦背，把原来的一大畦变成两个一宽一窄的大小畦，大畦为操作行，如图11所示。这样一则可根据番茄根系特性，使其多生侧根，更广泛地多吸收营养，二则使番茄根部土层加厚，减少了阳光直晒，可适当地降低地温。

———————

① 1亩≈667平方米，全书同

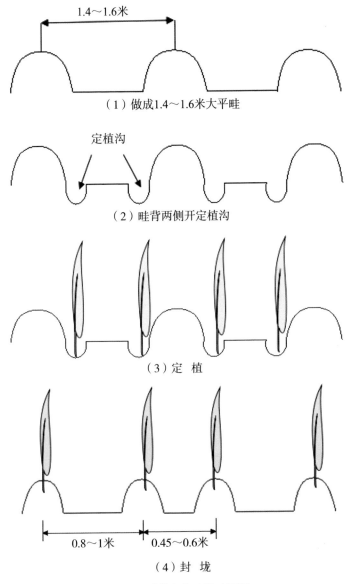

（1）做成1.4～1.6米大平畦

定植沟

（2）畦背两侧开定植沟

（3）定　植

0.8～1米　　0.45～0.6米

（4）封　垅

图 11　番茄大小畦整畦示意

2. 均等畦

做畦时，直接打成 70 ～ 80 厘米宽的均等畦，如图 12 所示。定植番茄时隔一畦栽一畦，定植后即自然形成了大小行，空畦为操作行。有兴趣的菜农也可提前育好架豆苗，如图 13 和图 14 所示，番茄定植好后，按番茄行中隔行间作定植南北数 3 墩架豆苗：即距最南边往北 1.5 米处栽 1 墩（2 株为好），棚跨度中间位置栽 1 墩，最北边靠走道处或柱子旁栽 1 墩，长成后室内即成了东西方向上 3 行架豆。因为相对于番茄而言，架豆是白烟粉虱更为喜欢的寄主之一。番茄套栽架豆，一则架豆可作为消息树，监测粉虱的发生情况；二则因架豆植株较高，可给番茄遮阳降温；三则可使菜农出售架豆而增加收入。

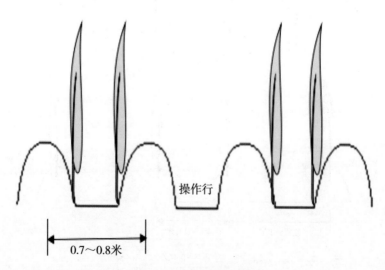

操作行

0.7～0.8米

图 12　番茄均等畦示意

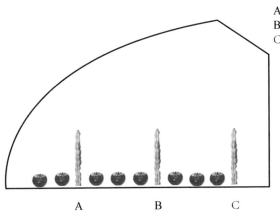

A：距离棚南端1.5米
B：棚跨度中间位置
C：走道或柱子旁

图13 番茄套种架豆示意

图14 番茄套种架豆

此茬番茄定植时若遇高温暴晒天气，必须坚持上午定植上午浇水，以避免土热灼苗，减少死苗，保障成活率。

另外，高温干旱容易引发病毒病的流行。因此，定植完后，要及时遮阳降温，降低病毒病的发生几率。

九、管　理

几点管理建议：① 参看本书《番茄春秋茬设施栽培整枝吊蔓新方法》一文的内容。② 及时掐尖，为不影响下茬，本茬番茄可留 5 ～ 6 穗果，但必须在 10 月 15 日前掐尖为好。③ 掌握好浇水火候，看秧、看果、看地，使植株生长协调，上午浇水，切忌忽大忽小，过干过湿。

十、及时覆盖地膜

由于该茬口番茄生产所处的时节，气温是逐渐降低的，温室的上下通风口的管理也会由昼夜通风逐渐转入昼夜关严，通风强度相对减弱，棚室内空气湿度会相应增大，容易因低温高湿发生病害，如灰霉病、叶霉病及晚疫病等。为此，可采用覆盖地膜的方法来降低温室内的湿度。一是于定植前，先覆膜。二是于 9 月中下旬将番茄畦面和走道均覆膜。地膜可选用黑膜和银黑双色地膜。使用银黑双色地膜时，黑色朝下，银灰色朝上，可以反射一部分光线，有利于番茄植株的生长。

十一、及时保温防寒

随着室外气温的逐渐下降，棚室内夜间温度也会逐渐下降。自 10 月中下旬以后，为了满足番茄生长的需要，必须及时覆盖质量较好的草帘或保温被。若用草帘，其干重需要达到 3.5 ～ 4 千克 / 平方米；若用保温被，其厚度应达到 2 厘米以上。只有有了良好的保温设施，才能使番茄的果实继续正常地成长，成熟着色，保障生产。

十二、综合防寒技术

为了防寒、保温、增温，需要整合利用多种措施。① 在保证三面墙体足够厚度（至少 1 米以上）的情况下，于上冻前在温室的南面拱架的里面或外面 35 ～ 85 厘米处挖 70 ～ 80 厘米深的防寒沟。里面填实玉米秸或聚苯板（10 ～ 12 厘米）等保温材料，然后填平埋好，踩实。② 为防严寒，在室内南侧距棚膜底脚处 30 ～ 40 厘米处，吊挂至少 1.5 米宽的地膜或干净的旧棚膜，膜的下部要埋压封严。该方法会在寒冷季节对温室南端 1 ～ 1.5 米处的作物起到明显的保护作用。③ 在温室的所有进出口，挂双道棉门帘。④ 为了避免门口附近植株受冷风直吹，在靠近门口几畦植株边上，吊挂直角形的挡风幕布。幕布要有一定的高度（至少达到 1.6 米）和长度。直角形的挡风幕布，东西方向的长度至少 10 米，南北向的长度最好直达最南端的拱架。⑤ 在经济条件和棚室结构条件允许的情况下，结合棚架的强度，夜间可覆盖双层草帘或保温被。⑥ 晚上盖完草帘或保温被后，在覆盖物上面覆盖旧棚膜作为棚罩，以防风、防雨雪霜、保暖；要注意检查覆盖质量，从室内看要达到不透光线的标准为好。

十三、特殊天气的栽培管理

由于番茄喜欢温暖温和的环境条件，但秋冬茬口正逢低温季节。因此，我们应千方百计投其所好，尽力为之。

1. 应对季节温度变化

关风口：当夜温降至15～13℃时，日光温室上下风口的管理步骤应转变为：关小下风口→关严下风口→关小上风口→关严上风口。随着气温逐步的降低，由原来的昼夜上下通风逐渐转为夜间全部关闭，让番茄植株有一个逐步适应的过程。

放风：有时由于管理操作人员忙于他事，耽误放风，而使室温过高时，此时放风切不可突然拉大风口，而应本着先上后下，先小后大的原则使室温逐渐缓慢下降。切忌忽热忽冷。

草帘或保温被的管理：自10月中旬始，应根据天气变化，草帘或保温被应及时由盖花帘转变为全部覆盖。

2. 光差变化

关于揭苫时间早晚的管理上，应根据天气的阴晴状况，使番茄的光照程度逐渐加强，切不可忽强忽弱。遇到久阴初晴时，要注意：一是可采取分批掀苫的方法，缓步见光；二是要早点放风避免使室内温度骤升；三是如植株有轻微萎蔫时要及时回苫遮阳，下午再进行见光锻炼。

3. 灾害天气

阴霾天：不管是短时阴霾天还是连续阴霾天，每天白天要根据温度情况，在上午或午后坚持少量通风，保持昼夜温差。

雪天：若遇下雪，应及时清除积雪，避免将棚压塌。若雪后突晴，应做好以下几项工作：一是要及时清雪；二是揭苫时逐渐见光；三是要早开风口，不使温度突然升高；四是多观察作物状态，发现轻微萎蔫时及时回苫遮阳，若严重萎蔫可喷点温水，关小风口，遮阳，使其缓慢恢复。尤其需要注意的是，此时切不可加大风口，以防叶片蒸腾作用过强，失水过多，造成叶片灼伤。

大风天气：低温季节，应时刻关注天气预报情况。若遇刮大风，应做好以下几项工作：一要提前将压膜线拴好压好；二要将保温被或草帘放 1/3 ～ 1/2。

以上 13 条攻略，应为番茄生长之基本要求。笔者在此诚请各位菜农，提高认识并付出爱心，番茄和其他生物一样是有生命的。精力的投入与产出是成正比的。我们应将番茄植株看作自己的孩子，拿出母亲对儿女的爱心和细心，精心呵护，细心培养，关心备至。仅需几个月的光阴，一串串漂亮的果实将映入你的眼帘。

设施蔬菜熊蜂授粉技术

设施蔬菜熊蜂授粉技术是利用传粉昆虫——熊蜂为多种设施蔬菜授粉，取代人工辅助授粉和激素蘸花授粉。该项技术适于设施生产模式，适合的作物包括：番茄、茄子和辣椒等，如图15所示。

图15 熊蜂为温室番茄授粉

一、熊蜂授粉的特点

（1）声震效应明显：一些植物的花只有在被昆虫的嗡嗡声震动时才能释放花粉，熊蜂声震大，这对于一些深冠管花朵的蔬菜，如番茄、辣椒、茄子等，授粉效果更加显著。

（2）采集力强：熊蜂个体大，寿命长，周身布满绒毛，对蜜粉源的利用比其他蜂更加高效，如图16所示。

图16　熊蜂在番茄花上采花粉

（3）耐低温和低光照：在蜜蜂不出巢的阴冷天气，熊蜂可以照常出巢采集授粉。

（4）趋光性差：在温室内，熊蜂不会像蜜蜂那样向上飞撞棚膜。

（5）信息交流系统不发达：熊蜂的进化程度低，不能像蜜蜂那样相互传递信息，保障了温室大棚内作物的授粉效果。

二、熊蜂授粉的优势

（1）增加产量：熊蜂可以根据花粉活力，掌握授粉的最佳时机，提高坐果率，使种子发育饱满，果实发育好，可以大幅减少空洞果，增加产量。

（2）提高品质：熊蜂授粉的果实个体大小均匀一致，且果形周正，不偏心，畸形果率低，果实种子数量增加，维生素含量提高，口感自然纯正。

（3）省时省力：不需人工蘸花操作，节省人工。

（4）安全性高：取代了人工蘸花，避免了化学激素造成的污染，确保了果实的安全性。

（5）生态环境效益好：使用熊蜂授粉的温室大棚，大大减少了杀虫剂和一些杀菌剂的使用，从而减少了因农药产生的环境污染。从某种程度上，可以说，有蜂就有了安全。

三、熊蜂使用技术

以荷兰科伯特（Koppert）生物系统有限公司的熊蜂为设施番茄授粉为例。

（1）用量：面积 0.6 ～ 1.2 亩的温室，每次放置 1 箱熊蜂即可。

（2）棚室环境条件：熊蜂怕热不怕冷，适宜温度为 8 ～ 28℃；保障授粉效果的温室环境适宜湿度为 50% ～ 80%。

（3）使用时间：在科学使用农药和蜂箱管理良好的前提下，蜂箱可使用 4 ～ 7 周。

（4）棚室引入熊蜂的时间：在田间的开花株率达到

25%时，即可放入蜂箱。

（5）蜂箱的引入：蜂箱至少静置10分钟后，方能打开巢门，确保熊蜂可以自由出入。如果没有静置，直接打开巢门，熊蜂会受到搬运动作的惊扰，进而容易蜇到操作人员。

（6）查看授粉情况：根据熊蜂的访花率来判断授粉是否充足。在访番茄花时，为了将震动传给花朵，促使花粉释放，熊蜂会用口器固定住花朵。在熊蜂访花后4小时，口器接触花朵的位置，会出现棕色的印记（称为"吻痕"），如图17所示。根据吻痕能够确定熊蜂的访花情况。如果访花率在80%～100%，则说明授粉充足，不需要补充熊蜂。如果访花率低于80%，则要及时补充熊蜂。每两天查看一次，傍晚时进行查看。熊蜂在茄子花上也会有明显的吻痕，在辣椒花上没有明显的吻痕。完成授粉的番茄花，在坐果后，会从番茄的脐部自然脱落，如图18所示。

图17 番茄花上熊蜂的吻痕

图 18　坐果后番茄花从番茄的脐部自然脱落

（7）蜂箱的放置方法：水平放置，一年四季均需要遮阴，避免阳光直射。另外，为了防潮及避免蚂蚁对蜂箱的侵扰，蜂箱下部要用防潮的物品撑垫起来。撑垫的高度，要根据作物的高度进行适度的调整，以便于熊蜂访花。

（8）蜂箱的放置位置：不同的季节，蜂箱的放置位置不同。3—10 月，蜂箱要放置在棚内最凉爽的位置，如图 19 所示；冬季 11 月至翌年 2 月，蜂箱要放置在棚内最温暖的位置，如图 20 所示。另外，兼顾风口的位置，应置于风口附近。

（9）熊蜂授粉期间，作物病虫害的防治：严格按照附录 A《常用农药对熊蜂的影响及建议措施》来管理蜂箱，及时回收蜂箱。

图 19　3—10 月蜂箱放置在棚内最凉爽的位置

图 20　11 月至翌年 2 月蜂箱放置在棚内最温暖的位置

四、注意事项

（1）在放置蜂箱之前，详细了解农药使用情况，以免发生药害，影响熊蜂的使用寿命。

（2）在棚室引入熊蜂之前，确保防虫网无孔、无缝，避免熊蜂飞到棚室外面，影响目标作物的正常授粉。

（3）蜂巢的门，严格按照使用说明来开关门。

（4）蜂箱底部有蜜水袋，在整个授粉周期不需要另外再饲喂熊蜂。

（5）蜂箱上盖不要放置任何物品。

（6）蜂箱的整体结构框架不要拆解，包括蜂箱的上盖。

（7）熊蜂蜇人的情况及救护措施：通常在3种情况下，熊蜂容易蜇人。一是刺激性气味（带香味儿的美发产品和香水），二是某些颜色（如蓝色），三是蜂箱受到振动。如果不慎被熊蜂蜇到，及时用肥皂水涂抹即可。如果出现过敏症状，则应尽早到医院进行救治。

日光温室春茬瓜果、豆类蔬菜 间作套种甘蓝好处多

日光温室因建设成本较高，投资较大。为了更好地集约经营，因为市场、产量以及收入相对稳定，菜农一般情况下都喜欢种植瓜果、豆类蔬菜。这类蔬菜生长前期的植株个体较小，中后期茎及叶冠会占据较大空间。因此，生产中则需留出较大行间，以满足其结瓜果时的空间需求。这样一来，这类蔬菜从刚定植至生长前期这段时间内，棚室内会显得有些空旷和一定程度上的空间浪费。另外，瓜果豆类在生长当中需要大量的磷钾元素，而连年种植会造成土壤中残留氮素过量，导致营养元素比例失调。基于以上前提条件，对某些管理模式的日光温室（如无滴灌的棚室、无覆膜的温室），可采取在瓜果豆类行间栽种早熟甘蓝，如图 21 与图 22 所示，以提高土地的利用率和产出率。

一、具体做法

（1）选择市场偏好的耐低温、早熟、生育期短、品质好、成熟时叶色发绿的甘蓝品种，如 8132、中甘 11 等。

（2）适期播种。可于 11 月中旬播种甘蓝，20 天左右分苗，苗龄 35 ～ 50 天。

（3）及早定植。当秋冬茬蔬菜采收结束后（甘蓝苗已

长到 5 ～ 6 叶）应立即清秧、施肥、整地。并根据下茬春茬主栽作物的需要整出 60 ～ 70 厘米的小畦，隔畦定植，自然形成大小畦。大行作为主栽作物操作行，在此行间作套种甘蓝。为不影响瓜果豆类的农事操作，定植甘蓝时可

图 21　黄瓜套种甘蓝

图 22　架豆套种甘蓝

将甘蓝株距加大到 50 厘米左右，每畦栽单行，每行可栽 8 ～ 10 棵。瓜果豆类蔬菜于 1 月下旬至 2 月上中旬定植。此时甘蓝已经圆棵。

（4）加强管理。因甘蓝属低温作物，适应性较广，温度管理以瓜果豆类所需为主。甘蓝一般定植时浇一水后，即中耕蹲苗，直到莲座期结束也不用再浇水。当甘蓝中心小球直径达 5 厘米左右时，再根据甘蓝的叶色及主栽作物的水分需求进行追肥浇水。

（5）及时采收。当甘蓝球叶顶部较平且将发白时砍收，以防因炸裂而导致商品性降低。

二、套种益处

（1）甘蓝属十字花科叶菜类蔬菜，其株型矮小叶廓不大，生长期从定植至采收才 45 ～ 60 天，且整个生长期所需肥料以氮肥为主。其与瓜果豆类间作套种，共生期较短，能和平共处，各取所需，互不侵犯。同时，也实现了土壤养分的平衡。

（2）增产增收。甘蓝因生育期短，在春天 2 月底至 3 月中上旬即可上市。既给市场增加了新鲜叶菜，增加了春菜品种，又使菜农"白捡"了一笔收入，一举两得。

（3）收益。甘蓝可塑性较强。对于同一品种，浇水的早晚不同，叶球的生长速度差异明显。因此可以根据上市期来调整浇水管理。甘蓝单球重一般可达 0.4 ～ 1.3 千克左右。每行甘蓝可收 4 ～ 10 千克，每亩可产甘蓝 500 千克左右。上市批发价格按 1.5 ～ 3 元 / 千克计算，可为菜农亩增产值 750 ～ 1 500 元。

（4）品质好。此茬甘蓝因在室内冬季生产，病虫害很少，通过非化学防治措施即可得到有效控制，安全、质优、脆嫩。

华北地区露地蔬菜栽培历参考

茬口	蔬菜种类	播种期	定植期	收获期	栽培要点
越冬根茬	菠菜	9月下旬至10月上旬	9月中旬至9月下旬	3月下旬至4月中旬	越冬覆膜
	芹菜	7月下旬		4月下旬至5月中旬	越冬覆盖防冻
	青蒜	9月下旬至10月上旬		4月中旬至5月上旬	密植覆草防冻
	小葱	7月下旬至8月上旬		3月下旬至4月上旬	早葱早春上市
	香菜	9月上旬至9月中旬		4月上旬至4月下旬	
早春叶菜	油菜	1月上旬	2月下旬至3月上旬	4月下旬至5月上旬	育苗栽棵亦可覆膜
	油菜	2月下旬至3月中旬		5月上旬至5月中旬	直播
	小红萝卜	3月上旬至3月中旬		4月下旬	可覆盖地膜
	小茴香	2月下旬至3月中旬		4月下旬至5月上旬	
早春半耐寒菜（在冷棚育苗）	早熟甘蓝	12月下旬至1月上旬	3月中旬至3月下旬	5月上旬至5月下旬	采用改良地膜覆盖
	菜花	10月中旬至10月下旬		5月中旬至6月上旬	地膜覆盖
	生笋	10月上旬至11月上旬		5月上旬至5月下旬	可用改良地膜覆盖
	芹菜	8月中旬至9月上旬		5月中旬至6月上旬	也可2月上旬温室育苗

（续表）

茬口	蔬菜种类	播种期	定植期	收获期	栽培要点
春播露地（在日光温室育苗）	番茄	1月上中旬至2月上旬	4月中旬	6月上旬至7月中旬	整枝拿杈
	茄子	12月下旬至1月上旬	4月中旬至4月下旬	6月上旬至7月中旬	注意整枝覆膜促秧
	甜椒	12月下旬至1月中旬	4月下旬	6月中旬至7月中旬或立秋	覆膜更好
	黄瓜	3月中旬至3月下旬	4月中旬至4月下旬	5月中旬至7月下旬	栽棵的3月下旬育苗
	芸豆	4月上旬		6月上旬至6月下旬	
	架豆	4月中旬		6月下旬至7月下旬	根据定植场所选定播期
	架豇豆	4月中旬至4月下旬		7月上旬至8月中旬	
	西胡芦	3月上旬至3月下旬		5月中旬至6月下旬	
夏播菜	黄瓜	6月下旬至7月上旬	6月上旬至6月下旬	8月上旬至9月下旬	
	茄子	4月下旬至5月上旬		7月下旬至10月上旬	
	架豇豆	6月中旬至6月下旬	7月下旬	8月上旬至9月下旬	
	中熟甘蓝	6月上旬		9月下旬至10月上旬	
	菜花	6月中下旬		9月下旬至10月上旬	
秋播菜	早熟白菜	7月中旬		9月中旬至9月下旬	
	晚熟甘蓝	6月中旬至6月下旬	7月下旬至8月上旬	10月中旬至11月上旬	遮阴育苗
	菜花	6月20日至25日	7月下旬至8月上旬	9月上旬至10月下旬	遮阴育苗
	大白菜	8月7日至9日	8月中旬	11月上旬	
	芹菜	6月中旬至6月下旬		10月下旬至立冬前	可贮藏
	香菜	8月上旬		9月中旬至11月上旬	可贮藏

主要蔬菜种植用种量参考表

种 类	播种方式	亩用种量
大白菜	短条播 条 播	100～150 克 200～250 克
大萝卜	穴 播	500 克
四季萝卜	撒 播	500～1 000 克
胡萝卜	条 播	1 000 克
甘 蓝	育 苗	50～60 克
莴 笋	育 苗	30～60 克
番 茄	育 苗	33～35 克或 2 500～3 500 粒
早熟茄子	育 苗	50 克
晚熟茄子	育 苗	20～25 克
甜 椒	育 苗	50～120 克
辣 椒	育 苗	75～100 克
黄 瓜	嫁接育苗	120～150 克 （嫁接砧木 1 200 克）
冬 瓜	育 苗	250 克
西胡芦	育 苗	1 500～2 000 粒

（续表）

种　类	播种方式	亩用种量
芸　豆	直　播	10～12.5 千克
架豆王	点　播 （一穴 2 粒）	2.5 千克
四季豆	直　播	4～5 千克
豇　豆	直　播	2.5～3.5 千克
韭　菜	直　播	3.5～5 千克
菜　花	育　苗	25 克
菠　菜	直　播	2～2.5 千克
小茴香	春　播 早春播	4～6 千克 6～7.5 千克
香　菜	撒　播	3～5 千克
茼　蒿	撒　播	1.3～1.5 千克
小油菜	撒　播	0.5～1 千克
豌　豆	条　播	10～15 千克
芹　菜	育　苗	100～150 克
马铃薯	切块点播	75～125 千克

病虫害防控实用技术

日光温室秋冬茬番茄前期防病毒栽培新法三字经

秋冬柿，秋菜头①，产量高，收入多，想种好，钻技术。
黄化曲，叶病毒，发病猛，下山虎，能绝产，无收入。
菜农急，别灰心，要研究，纸老虎，从上茬，先入手。
未拉秧，净采收，晨熏药②，闭风口，晴天蒸，闷一周。
灭粉虱，断其后，再拉秧，秧草收③，扫净棚，清运走。
腐熟粪，要上足，耕好地，覆双膜④，再闷棚，达四周。
选抗种，打基础，增成本，多投入，防虫网，封室屋。
粘虫板，捕遗漏，灭粉虱，防传毒，育苗室，农膜覆。
活阳网⑤，降温度，可直播，看茬度⑥，用籽多，高湿度。
细整地，质量优，勤浇水，保出苗，早间苗，促苗粗。
若育苗，早动手，苗畦平，背高出，钵码齐，七分土。
选播期，避酷暑，听预报，看一周，抢时播，占山头⑦。
种暴晒，药消毒，温浸种，要五五⑧，籽勤翻，种芽粗。
短芽种，土薄覆，钵降温，减湿度，过堂水，排水沟。
苗出齐，增光度⑨，避高温，在苗初，防猝倒，上药土。
粘虫板，早挂出，亩30块，莫含糊，早灭虱，除源毒。
勤散苗，茎秆粗，育好苗，保前途，需轮作，尊制度。
幼苗出，环境好，邻居好，少源毒，创佳境，齐动手⑩。
精整地，土壤疏，未定植，先栽豆⑪，既遮阳，消息树。

月苗龄，早畦出，适稀栽，保密度，双干枝，少支出^⑫。

上午浇，保湿度，护好根，培好土，少暴晒，抑病毒。

黄板挂，两网足^⑬，灭虱蚜，避媒介，忌干热，保湿度。

通风好，下通透^⑭，防徒长，保苗壮，精管理，病虫除。

注：① 秋后所种蔬菜，同生育期内，番茄的产量及收入
应排在首位。

② 上茬蔬菜拉秧前，采净应收瓜豆，关闭上下风口，
于早上熏杀虫杀菌药。

③ 在上茬菜白天熏药蒸棚 1 周后再拉秧，连同杂草一
起清棚，及时清运走。

④ 同时覆盖地膜和棚膜。

⑤ 活动遮阳网，晴天上午根据光照采取遮阳，16 时后
拉开。

⑥ 根据前茬作物的拉秧净地时间程度以及种植者自己
的判断选择。

⑦ 抓住天气变化有利于番茄生长的时间段。

⑧ 坚持用 55℃ 水进行浸种催芽，对杀灭种子表面病菌
大有好处。

⑨ 逐渐增加光照程度。

⑩ 对于连片棚室应采取联合起来，同时打药灭虫。

⑪ 在定植番茄浇水前，同时栽种 3 行（南北）架豆苗，
因粉虱喜食豆叶，因此，种植架豆既遮阳，又有助

于预报虱的发生。

⑫ 为节省买贵重种子的成本，可采取双干整枝法，以减少开支。

⑬ 防虫网和遮阳网要足量，满足需求。

⑭ 上下风口昼夜通风，以防徒长。

不花一分钱，可除烟粉虱（白粉虱）

烟粉虱和白粉虱（以下统称为粉虱）是同翅目粉虱科害虫。此虫食性较广，可为害多种蔬菜。该虫虽个体较小，但繁殖力强，繁殖速度较快，成虫羽化后一生可交配多次。在北方一年可繁殖 10 余代，尤其是烟粉虱，一年可发生 11 ～ 15 代。该虫以成虫和若虫吸食植物汁液，使被害叶片褪绿、变黄、萎蔫，甚至全株枯死。一旦发生，群聚为害，种群较大。同时能分泌出大量蜜露，严重污染叶片和果实，引起煤污病的发生。另外，更可怕的是，烟粉虱传播病毒能力更强，前几年已造成部分地区秋冬茬番茄黄化曲叶病毒病大肆发生和蔓延，使秋冬茬番茄生产严重减产，甚至绝收，不仅对番茄市场产生了一定的影响，而且严重挫伤了菜农种植番茄的积极性。

由于温室和露地蔬菜生产衔接紧密和相互交替。秋后，粉虱逐渐从露地飞入棚室繁殖为害过冬；待春天气温升高后，又通过棚室开窗通风及菜苗向露地移植又迁入露地，所以粉虱可周年发生。粉虱为害期世代重叠，在同一时期同种作物上可同时存在各种虫态，相继为害，陆续繁殖。近些年，随着农产品质量安全标准的提升以及抗药性的不断增强，探索粉虱的有效绿色防控措施对生产具有重要的意义。

粉虱发生的适宜温度约 18 ～ 30℃，根据粉虱不耐低温、北方冬季不能在室外存活的特点，采用作物采收结束后暂不拉秧净地的方法，利用冬季低温，通过让害虫"安乐死"的方式来灭虫。其具体办法如下。

1. 严冬倒茬做杀机

此方法的关键时机必须选择在严冬倒茬时，并且外界夜间气温达到 -5℃以下，使杀虫现场温度能够低至 0℃以下效果最好。

2. 拉秧清茬不着急

多数技术资料上都要求采收结束后及时拉秧，清除杂草。但这样一来，必然打草惊蛇，大量粉虱纷纷逃离，迁入他棚或藏到适宜存活的缝隙里。所以，该方法采取上茬作物采收干净后，先不急于拉秧净地，而是采取下午早点闭棚提温的做法，让粉虱继续过舒服采食的生活。

3. 热冷交替安乐死

闭棚后温度适宜，粉虱十分活跃自由采食。当日落西山，气温逐渐降低时，粉虱栖息度夜。此时采取不再盖苫，当夜幕降临时，打开该棚上下风口，让冷气迅速进入棚内，粉虱不再迁飞。随着夜温的不断下降，多数粉虱会在睡梦中冻死。次日若发现还有未死的，可白天盖上草苫或棉被，使白天棚内保持低温，夜晚掀苫再继续冷冻，越冷越好，反复冻 2 ～ 3 夜，冻死率可达 100%。

4.残杀遍布全基地

若是规模集体经营，统一育苗的蔬菜基地最适此法，可根据各棚采收结束的早晚，逐排进行；若是一户一棚的基地，建议各户买苗或与基地其他户合作育苗适时倒茬，分头轮流冻棚，棚棚冻到，效果最好。

注：笔者经过几年的探索，于 1998 年摸索出该方法，初稿在 2000 年《北京农业》第 4 期发表。曾在几个粉虱为害较重的基地部分温室试用，均取得了可喜的成果，再加上与诱虫板、防虫网等措施的联合使用，已经使秋冬茬番茄生产重新回到了稳定高产的路上，使番茄黄化曲叶病毒病达到少发生甚至不发生。

夏季带秧高温干闷棚，表面病虫草害一扫光

对于日光温室的生产，在越冬及早春茬作物的产品采收结束之后，瓜类、果类、豆类的植株或多或少存在着多种病虫。若按照传统习惯，及时拉秧净茬，向外清除残株杂草的做法，就会打草惊蛇，会将温室内的害虫和病原菌带到温室外，进而对露地作物侵染为害。

各种有害生物都有相应的高温致死温度，如图23所示。采取夏季带秧高温干闷棚的措施是一种防治温室表面病虫的经济、有效、简便的办法，具体做法如下。

（1）在越冬及早春茬蔬菜产品采收结束后，只拔除作物根系，不清秧。

（2）棚室所有通风口安装50目的防虫网，温室进出门口安装同等目数的防虫网门帘，防止闷棚结束后，棚外害虫进入温室内进行为害，确保闷棚效果。

（3）将棚膜破洞和缝隙粘好粘严，而后选择在晴天的上午九十点钟后关闭所有通风口，根据天气情况，闷棚7～10天，"捂笼捉鸡"。晴天中午棚温最高可超过60℃，该方法可有效杀灭棚内大多数活体动植物及病原体。闷棚结束，拉秧净地，清出室外。

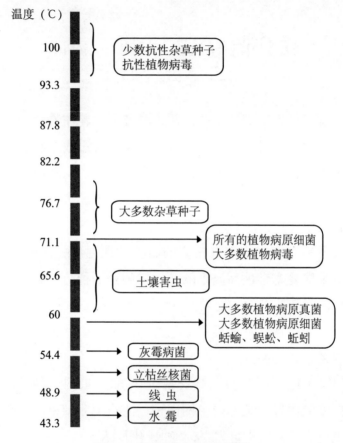

图23 杀死有害生物所需温度

注：此方法仅能杀灭温室和土壤表面病虫，因此只适用于棚室表面消毒。对于发生真菌性、细菌性或线虫等土传病害的温室，请参见本书《日光温室太阳能土壤消毒技术》一文。

日光温室太阳能土壤消毒技术

蔬菜土传病害是指由土传病原物侵染引起的蔬菜病害。侵染病原包括真菌、细菌、放线菌、线虫等。由于设施保护地蔬菜栽培重茬连作普遍，设施小气候环境相对封闭，管理措施不当等诸多原因，使得土传病害发生普遍，极大地影响了蔬菜的生产。生产上除了采用嫁接的方法来预防土传病害以外，一般需要适期进行土壤消毒，太阳能消毒是土壤消毒措施之一。

太阳能土壤消毒是指在高温季节通过较长时间覆盖塑料薄膜来提高土壤温度，杀死土壤中包括病原菌在内的许多有害生物，如图 24 所示。它具有操作简单、经济适用、对生态友好等诸多优点。

图 24　日光温室太阳能土壤消毒处理

该项技术一般适用于夏季高温季节，6月下旬至9月上旬，具体视当年天气情况而定。对于一年生作物在播种或定植前使用。但该项技术所需时间相对较长，应在茬口时间安排允许的前提下进行，确保不耽误生产。具体操作如下。

1. 清洁田园

作物收获后，进行拉秧，将植株和植株残体进行安全清理处置，确保不影响附近种植区。如果时间允许，可先带秧进行高温干闷，清除植株秧体表面的病原菌，具体方法参考本书《夏季带秧高温干闷棚，表面病虫草害一扫光》一文。

2. 深翻整地

用旋耕机旋地，最佳旋耕深度30～40厘米，破碎土块，使土壤疏松均匀。整平后，根据下茬的栽培模式，或做高畦，或做平畦。高畦参考尺寸为：高30厘米左右，宽60～70厘米。高畦可以增加土壤的表面积，有利于快速提升地温，延长土壤高温持续时间。

在翻地前，可以结合一些物料来实现土壤消毒和施肥的双重目的，并能相互促进，如农作物秸秆、畜禽粪肥或石灰氮。这3种物质也可同时使用，分别撒于土壤表面，进行旋耕。

（1）农作物秸秆：含有丰富的有机质以及氮、磷、钾、钙和镁等营养元素，是可利用的有机肥料来源。秸秆还田有利于秸秆内营养成分的保存、增加土壤有机质、培肥地力、减少环境污染。用法及用量：用粉碎机将秸秆粉碎，每亩施用 670～1 340 千克。

（2）畜禽粪肥：鸡粪、猪粪等有机肥难腐熟。施用未充分腐熟的有机肥容易烧根，释放的有害气体会引起熏苗，同时也会引发病虫草害，影响蔬菜生长。因此，提前施入所需的粪肥，在高温闷棚的同时促进粪肥充分腐熟。

（3）石灰氮：又名氰氨化钙或碳氮化钙，通常用作肥料。在翻地前，也可施用一定量的石灰氮，石灰氮与水反应生成氢氧化钙和氰氨。在碱性土壤中，氰氨可以进一步聚合成的双氰氨。氰氨和双氰氨都具有消毒、灭虫、防病的作用，因此可以起到防治土壤中土传病害、根结线虫、虫害及杂草的作用。另外，还可以促进有机物腐熟，从而达到改良土壤的目的。具体使用方法如下表所示。

表　石灰氮的使用方法

作物类别	使用量（千克/亩）	使用时间	等待天数（天）
茄果类作物	40～60	播种或定植前	15～22
瓜类作物	30～40	播种或定植前	10～15
十字花科作物	30～70	播种或定植前	10～25
生菜、菠菜、芹菜等叶菜类作物	30～40	播种或定植前	10～15
葱、姜、蒜等	30～70	播种或定植前	10～25
草莓	30～40	播种或定植前	10～15

使用石灰氮注意事项如下：施药时避开中午天气暴热时间；穿防护服，佩戴口罩、眼罩、手套；属于碱性肥料，不要将其与酸性肥料一起使用。

3. 密封地面

用质量较好的塑料薄膜，对土壤表面进行完全覆盖。薄膜相连处，应采用反埋法，如图 25 所示。如果温室中有立柱，应该立柱周围也照顾到，不留任何死角。

4. 膜下浇水

从膜下往畦内浇水，畦面湿透为止。

图 25　反埋法处理薄膜连接处

5. 密闭棚室

在安装有 50 目以上防虫网的前提下，将温室完全封闭，根据天气情况，持续 25 ～ 30 天。

6. 结束放风

消毒完成后，打开温室上下风口，进行通风；揭开地膜，放风。

7. 补施微生物菌肥

高温闷棚，在杀灭了土壤中的有害病菌的同时，也杀灭了一些有益菌。因此，高温闷棚后，补施适量的微生物菌肥，进行一定程度上的土壤修复，以备播种或定植。

另外，太阳能消毒也常与化学熏蒸相结合运用。生产上使用较多的化学熏蒸剂是威百亩和棉隆。

日光温室番茄黄化曲叶病毒病
全程绿色防控关键技术

番茄黄化曲叶病毒病是对番茄生产具有毁灭性危害的一种病害。番茄黄化曲叶病毒（Tomato yellow leaf curl virus，简称 TYLCV 或 TY）为双生病毒科菜豆金色花叶病毒，主要通过传毒介体烟粉虱传播，机械摩擦和种子不传播。近年来该病在我国自南向北蔓延迅速，危害甚重。

一、选用抗病品种

抗病品种的利用在作物有害生物防控中有着非常重要的意义和作用。抗番茄黄化曲叶病毒病的番茄品种有：浙江省农业科学院蔬菜研究所培育的浙粉 701、浙粉 702、浙粉 703 以及金鹏 10 号、齐达利、飞天和普罗旺斯 604 等。

二、双网网室培育无病虫健壮苗

（1）苗床要与定植棚室分开，周边露地避免有烟粉虱趋性较强的作物，如番茄、黄瓜、茄子、豇豆、紫苏、辣椒及芝麻等烟粉虱寄主作物的集中种植，以及毒源性杂草。

（2）搭建无缝隙的独立育苗网室。选用 50 目的防虫网，参考的经纬丝数量为 $25 \times 49/$ 平方英寸[①]。为方便农事

---

① 1 平方英寸 ≈ 6.452 平方厘米

操作网室高度至少为 160 厘米；为减少暴晒并确保网室通风效果，应在防虫网育苗网室上方覆盖遮阳网，如图 26 所示；或在育苗网室上搭建遮阳网天篷，避免遮阳网直接覆盖在防虫网上。育苗网室的一端要设置缓冲间，如图 27 所示；缓冲间的内外门设置严密的防虫网门帘，如图 28 所示。苗床及缓冲间正确悬挂黄板，用以监测和诱杀烟粉虱。

图 26　双网网室育苗

图 27　双网网室缓冲间　　图 28　防虫网门帘下面用沙袋增加严密性

（3）及时增施微生物肥和磷肥、钾肥，控制氮肥用量和浇水量频次，促使幼苗健壮生长，增强植株抗病力。播种当天或第二天施用特锐菌（哈茨木霉菌 T-22，预防一些土传病害，同时提高根系对微量元素的吸收能力）15 克 /1 000 颗，浇水，即配即用；当第一、第二片真叶约 1 厘米长时，施用培基（海藻提取物）2.4 毫升 /1 000 颗，即配即用，促进植物根部生长。

（4）出苗时严防暴晒。在定植前 3～5 天可选用低毒内吸性杀虫剂预防烟粉虱的为害。240 克 / 升螺虫乙酯 SC 4 000 倍液进行喷雾，或 10% 吡丙醚 EC 750 倍液喷雾，或 25% 噻虫嗪 WG 1 500～2 500 倍液，每平方米用 1～2 千克药液灌根，或每亩用 25％噻虫嗪 WG 2 500～5 000 倍液进行喷雾。

三、清洁田园培肥地力

定植前，消毒棚架、墙壁表面，清洁棚室，高温闷棚 3～4 周；定植时，做到无虫无病秧苗安全快速进棚，避免外界烟粉虱附着在秧苗上进入生产棚；生产过程中，尽量控制棚外烟粉虱的进入，包括减少人员物资进出造成的人为传带。定植前施用微生物肥培元，每亩 12.25 千克，穴施或定植畦撒施，调节促进土壤中的有益真菌种群迅速壮大，提高土壤抑制病害和保肥持水能力，如图 29 和图 30 所示。

图 29　使用微生物肥培元后土壤中有益菌的生长情况之一

图 30　使用微生物肥培元后土壤中有益菌的生长情况之二

四、铺设银黑双色地膜降低地温以除草和趋避害虫

定植前整棚铺设银黑双色地膜，使用时黑色面向下，银色面向上；也可与黑色地布结合使用，如图31所示。在盛夏期间，银黑双色地膜与常用地膜相比较，可降低地温4～6℃，兼有保湿、护根和控制草害的作用。银黑双色地膜因反光性强，还能驱避烟粉虱和蚜虫，减少病毒传播，降低作物发病率。注意地膜接缝处，要固定结实，以免操作行的地膜皱缩在一起而失去作用，如图32所示。

图31 铺设银黑双色地膜与黑色地布

图 32 地膜和地布接缝处的固定

五、全程使用黄板和防虫网

自定植到拉秧的整个生长期都要持续正确使用黄板，25 ～ 40 块 / 亩，棚室操作间也要悬挂黄板，注意及时更换，起到监测和诱杀双重作用；上下风口覆盖 50 目防虫网，避免防虫网"千疮百孔"；棚内内外出入口设置防虫网门帘，门帘的宽度及长度要到位。

六、温室操作间设置风扇

温室操作间设置大功率风扇（对准门口），在日光温室操作间外门口设置红外感应器，在进入操作间时，风扇启动，将附着在衣服上的烟粉虱吹掉，防止随人一同进入棚室。如图 33 和图 34 所示。

图 33　温室操作间设置大功率风扇（对准门口）

图 34　操作间外门口设置红外感应器

七、合理布局生产空间

根据烟粉虱对不同作物的敏感性差异种植诱集作物，将其从主栽作物番茄上引诱到更为敏感和嗜好的植物上，将其及时集中消灭。在秋冬茬番茄生产棚室内种植架豆能起信号指示植物的作用，如图35所示，可用来监测烟粉虱的发生，在畦的最北端每3～4畦种一棵；同时还可以保护番茄，减少烟粉虱对其为害。棚室外种植玉米、葱和韭菜等烟粉虱不敏感或不利于烟粉虱种群增长的作物，以形成生态作物屏障，如图36和图37所示，以减少烟粉虱进入棚室的可能性。

图35　棚内种植诱集作物架豆用以监测诱集烟粉虱

图 36　棚外种植玉米、葱或韭菜作为生态作物屏障

图 37　棚外种植玉米作为生态作物屏障

根据烟粉虱的偏食性，进行合理轮作。例如，烟粉虱是生菜上的主要害虫，而对球茎茴香不敏感。因此，秋冬茬种植烟粉虱不喜食的球茎茴香则可以切断该温室内烟粉虱的生活年史，从而减轻后续生产中烟粉虱的为害。

八、遮阳降温

高温易使病毒病症状加重。在夏秋的高温季节，遮阳网可以起到一定的遮阳降温的作用。但如果将遮阳网直接覆盖在棚室表面，除了一定程度地影响温室通风，还会因黑色遮阳网吸收热量，使棚内的温湿度增加。因此，遮阳网与棚膜之间要保持一定距离。也可选用既能遮阳降温又不影响棚室通风的降温涂料。

九、定植后协调应用天敌和药剂防治烟粉虱

在定植1周后或粉虱发生初期虫量达到0.5～1头/单株时，开始释放丽蚜小蜂。放蜂时将丽蚜小蜂的蜂卡挂在植株中上部的分枝上即可，丽蚜小蜂羽化后即可自动寻找粉虱并寄生于粉虱幼虫。由于丽蚜小蜂比较小，飞行能力有限，释放时应注意将蜂卡均匀地挂在田间。共分5～7次释放，隔7～10天释放1次，每次释放2 000～3 000头/亩，保持丽蚜小蜂与粉虱的益害比3∶1，当丽蚜小蜂和粉虱达到相对稳定平衡后即可停止放蜂。丽蚜小蜂在温室中可顺利建立种群，有效控制粉虱的为害。释放时温室温度白天应控制在20～35℃，夜间在15℃以上。还要防止高湿或水滴润湿蜂卡，使丽蚜小蜂窒息或霉变，不能羽化。

当烟粉虱虫量较大时，可选用 10% 吡丙醚 EC 750 倍液、25% 噻虫嗪 WG 2 000 ～ 3 000 倍液、20% 啶虫脒 WP 3 000 倍液、25% 噻嗪酮 WP 1 000 ～ 1 500 倍液、1.8% 阿维菌素 EC 1 500 倍液、240 克 / 升螺虫乙酯 SC 4 000 倍液以及 49% 脂肪酸盐（生物肥皂）100 倍液等药剂。要注意药剂的轮换使用，施药时注意叶片的正反面都要均匀着药。开展区域性烟粉虱的统防统治以提高防治效果。

十、越冬防治

北京地区 12 月至翌年 1 月常年最低气温为 -7.2 ～ -10℃，最高气温为 3.7 ～ 1.9℃，烟粉虱不能露地越冬。因此，在番茄拉秧前，利用冬季 0℃ 以下的低温天气，通过冻棚防治棚室内的烟粉虱，可以减少翌年烟粉虱的虫口基数。具体做法是：在秋冬茬番茄拉秧后，晚上打开上下风口，冻棚至少 1 周。

在北京地区的日光温室番茄生产中，番茄黄化曲叶病毒病的发生特点为：春茬番茄植株显症较晚或不显症，发病程度较轻；秋冬茬番茄植株显症较早，发病程度较重。因此，也可根据番茄黄化曲叶病毒病发生特点和市场情况，可通过调整种植茬口，避开烟粉虱和番茄黄化曲叶病毒病的高发季节。

附 录

附录 A　常用农药对熊蜂的影响及建议措施

病虫害	一般防治用药及其有效成分	对熊蜂影响	蜂箱移出天数（天）
早疫病	丁子香酚（Eugenol）	∧	0
	50% 戊唑醇 +25% 肟菌酯（Trifloxystrobin）	←	1
	43% 戊唑醇（Tebuconazole）	←	1
	50% 异菌脲（Iprodione）	←	1
	百菌清（Chlorothalonil）	←	1
	苯醚甲环唑（Difenoconazole）	←	1
	丙环唑	←	1
	70% 丙森锌	←	1
	代森锌	×	14
晚疫病	丁子香酚（Eugenol）	∧	0
	氟吡菌胺（Fluopicolide）+ 霜霉威（Propamocarb）	←	1
	72.2% 霜霉威水剂（Propamocarb）	←	1
	缬霉威（Iprovalicarb）+ 丙森锌（Propineb）	←	2
	霜脲氰（Cymoxanil）+ 代森锰锌（Mancozeb）	←	2
	50% 烯酰吗啉	←	2
	三乙膦酸铝（Fosetyl-aluminium）	←	2
	70% 丙森锌	←	1
灰霉病	丁子香酚（Eugenol）	∧	0
	哈茨木霉菌株 T-22（Trichoderma harzianum rifai strain T-22）	∧	0
	嘧霉胺 [（Pyrimethanil（ISO,BSI）]	←	1
	异菌脲（Iprodione）	←	1
	65% 甲基硫菌灵—乙霉威可湿性粉剂（Thiophanate-methyl +diethofencarb）	←	1

（续表）

病虫害	一般防治用药及其有效成分	对熊蜂影响	蜂箱移出天数（天）
叶霉病	丁子香酚（Eugenol）	∧	0
	25% 肟菌酯（Trifloxystrobin）+50% 戊唑醇	←	1
	43% 戊唑醇（Tebuconazole）	←	1
	苯醚甲环唑（Difenoconazole）	←	1
病毒病	盐酸吗啉胍铜（病毒 A,moroxydine hydrochloride,copper acetate）+ 瑞培锌（EDTA Zn）	←	2
	赤霉酸	←	1
细菌性病害	丁子香酚（Eugenol）	∧	0
	硝基腐植酸铜	←	1
	琥胶肥酸铜可湿性粉剂（Cuproc succinate-glutarate-adipate）	←	2
	农用链霉素（Streptomycin）	←	4
茎基腐	丁子香酚（Eugenol）	∧	0
	24% 恶霉灵 +6% 甲霜灵	←	1
	哈茨木霉菌株 T-22（Trichoderma harzianum rifai strain T-22）	∧	0
白粉虱蚜虫	脂肪酸钾盐（Fatty acids from potassium salts）	∧	0
	螺虫乙酯	←	1
	溴氰菊酯（Deltamethrin）	←	3
	阿维菌素（Abamectin）	←	3
	矿物油	←	1
	苦参碱（Matrine）	←	1
	啶虫脒（Acetamiprid）	←	3
	吡虫啉（Imidacloprid）	×	30
	联苯菊酯（Bifenthrin）	×	7
	烯啶虫胺（Nitenpyram）	×	7
	高效氯氰菊酯（Beta-cypermethrin）	×	30

（续表）

病虫害	一般防治用药及其有效成分	对熊蜂影响	蜂箱移出天数（天）
白粉虱蚜虫	噻虫嗪（Thiamethoxam）	× 喷雾	20
	硫丹（Endosulfan）	×	14
	氰戊菊酯	×	30
	氯氰菊酯	×	14
	高效氟氯氰菊酯（Beta-cyfluthrin）	×	30
叶螨	脂肪酸钾盐（Fatty acids from potassium salts）	∧	0
	炔螨特（Propargite）	←	1
	阿维菌素（Abamectin）	←	3
	哒螨灵	←	1
斑潜蝇	阿维菌素（Abamectin）	←	3
	溴氰菊酯（Deltamethrin）	←	3
	灭蝇胺（Cyromazine）	←	1
棉铃虫菜青虫	阿维菌素 + 氟虫双酰胺	←	3
	溴氰菊酯（Deltamethrin）	←	3
	苏云金杆菌（Bacillus thuringiensis）	←	1
	灭幼脲（Chlorbenzuron）	×	未确定
甜菜夜蛾	阿维菌素 + 氟虫双酰胺	←	3
	甲氨基阿维菌素苯甲酸盐（Emamectin benzoate）	←	1
	苏云金杆菌（Bacillus thuringiensis）	←	1
	溴氰菊酯	←	3
	高效氯氟氰菊酯	×	30
	高效氯氰菊酯	×	30
	氯氰菊酯	×	14
	甲氰菊酯	×	7
	氰戊菊酯	×	30

（续表）

病虫害	一般防治用药及其有效成分	对熊蜂影响	蜂箱移出天数（天）
根结线虫	丁子香酚（Eugenol）	∧	0
	阿维菌素（Abamectin）	←灌根	10
	淡紫拟青霉	←	1
	丁硫克百威	←	30
	噻唑膦（Fosthiazate）	←	30

对熊蜂影响符号的含义：

○　表示无影响，只需将蜂回收。

∧　表示用塑料布把蜂箱上部盖严即可，避免药液洒在蜂箱上（不要将箱子全部包严，需保持箱子通风）。

×　表示该农药在熊蜂授粉期间，禁止使用。

←　表示将蜂回收，并且将蜂箱移出到其他棚室或温度不低于15℃的地方。

注意事项：

（1）授粉期间谨慎使用农药，如需用药，应将蜂箱搬到其他未打药棚室。严格按照上表中"蜂箱移出天数"，确保蜂箱的安全隔离期。隔离期间如遇阴天，则阴天天数不计入安全隔离期，隔离期顺延。

（2）打药或熏药后，应在温度高时应加大棚室通风，以便使农药尽快散去。请按正常浓度用药，如确需加大用药量，一定要延长隔离期至少1天。

（3）因打药或熏药，熊蜂搬到其他棚室后超过3天，要打开巢门，让蜂自由进出，以免因高温闷死，隔离时间不超过3天的，可以不打开巢门。

（4）上述所有隔离天数均指单一药剂、无复配成分，如有添加其他成分在内，按添加成分中所需的最长隔离天数隔离蜂箱。

（5）为防止使用不合格的农药，建议使用正规厂家的农药，建议尽量不要使用熏药。

注：该附录是在科伯特（北京）农业有限公司提供的《常用农药对熊蜂的影响及建议措施》基础上完善形成的。

附录 B 国家禁限用农药名录

一、国家明令禁止使用的 38 种农药

禁用农药种类	开始禁用时间
甲胺磷、甲基对硫磷、对硫磷、久效磷、磷胺、六六六、滴滴涕、毒杀芬、二溴氯丙烷、杀虫脒、二溴乙烷、除草醚、艾氏剂、狄氏剂、汞制剂、砷类、铅类、敌枯双、氟乙酰胺、甘氟、毒鼠强、氟乙酸钠、毒鼠硅、苯线磷、地虫硫磷、甲基硫环磷、磷化钙、磷化镁、磷化锌、硫线磷、蝇毒磷、治螟磷、特丁硫磷（33 种）	现已明令禁止使用
氯磺隆、福美胂、福美甲胂、胺苯磺隆单剂、甲磺隆单剂	自 2015 年 12 月 31 日起禁止使用
胺苯磺隆复配制剂、甲磺隆复配制剂	自 2017 年 7 月 1 日起禁止使用

二、国家明文规定限制使用的 19 种农药

中文通用名	禁止使用范围
甲拌磷、甲基异柳磷、内吸磷、克百威、涕灭威、灭线磷、硫环磷、氯唑磷	蔬菜、果树、茶树、中草药材
水胺硫磷	柑橘树

（续表）

中文通用名	禁止使用范围
灭多威	柑橘树、苹果树、茶树、十字花科蔬菜
硫丹	苹果树、茶树
溴甲烷	草莓、黄瓜
氧乐果	甘蓝、柑橘树
三氯杀螨醇	茶树
氰戊菊酯	茶树
丁酰肼（比久）	花生
氟虫腈	除卫生用、玉米等部分旱田种子包衣剂外的其他用途
毒死蜱、三唑磷	自 2016 年 12 月 31 日起，禁止在蔬菜上使用

三、其他规定

按照《农药管理条例》规定，任何农药产品都不得超出农药登记批准的使用范围使用。剧毒、高毒农药不得用于防治卫生害虫，不得用于蔬菜、瓜果、茶叶和中草药材生产。

参考文献

[1] 曹坳程，郭美霞，王秋霞. 土壤消毒技术 [J]. 世界农药，2000（增刊 I）：10-13.

[2] 王红梅，冒维维. 夏季高温闷棚关键技术 [J]. 上海蔬菜，2009（5）：66-67.

[3] 张伟. 保护地蔬菜土传病害的发生特点及综合防治技术 [J].2008（6）：73-75.

[4] 胡学博，曹坳程. 太阳能消毒防治植物土传病害 [J].2001（5）：44-47.